1 中國探月工程科學繪本

出發，去月球！

——探月夢啟航——

主編◎ 錢航　　繪◎ 邱曉勤

中華教育

總序

中華民族在人類發展史上曾創造過燦爛的古代文明。

中國最早發明的古代火箭，便是現代火箭的雛形。1949年中華人民共和國成立後，中國依靠自己的力量，獨立自主地開展航天活動，於1970年成功地研製並發射了第一顆人造地球衛星。迄今，中國在航天技術的一些重要領域已躋身世界先進行列，取得了舉世矚目的成就。

如今祖國日益強大，國泰民安、星河璀璨。

通過科學家們的不斷努力，我們實現了「可上九天攬月」的大國偉業，實現了「明月幾時有」的文化寄託。探索浩瀚宇宙，發展航天事業，建設航天強國，是我們不懈追求的航天夢。

九天攬月星河闊， 十六春秋繞落回。

「人生的扣子從一開始就要扣好」，自然也包括好的習慣養成。

所有能力的基礎都是靠讀書奠定的。讀書是增加見識的最好途徑，也是思想聯通外界最好的方式。兒童讀書，可以形成閱讀興趣，一旦興趣養成了，這是能夠陪伴一生的好習慣。

本書由奮戰在航天一線的專家團隊親自撰寫，設計精巧，深入淺出，文圖並茂。温馨的畫風，肆意奔流的色彩，充滿了智慧和幽默，是難得的全景式航天科普温馨佳作。

打開這本書，和孩子一起，讓孩子張開想像的翅膀，參與一場太空旅行，月亮、太陽、火星……穿梭於星體之間，遨遊於星河之中，一起探索這場星際之旅吧！

2021年6月16日 刘竹生

怎樣才能成為航天人

——主編寄小讀者

你要問怎樣才能成為航天人，我想跟你説一下我們這一代青年航天人的經歷。

今天的「80後」、「90後」青年航天人已經是航天舞台的主力了。然而在2003年，當我國第一艘載人飛船「神舟五號」成功飛向太空的時候，我們還在讀中學甚至小學。「神舟五號」的成功發射既讓我們感到驕傲與自豪，也激發了我們對太空強烈的好奇心與探索慾。

我們開始做起了航天夢，立志以後一定要考大學，學航天。於是我們刻苦學習，如願進入航天專業類院校。面對外界的諸多誘惑，我們在畢業選擇時也曾猶豫不決、內心徘徊。回顧初心，錢學森、趙九章、郭永懷等「兩彈一星」功勛科學家無私奉獻的精神深深感動着我們，他們成就了我們今天的航天強國、科技強國，也引導我們堅定選擇了航天事業。

目前我國航天科技取得了舉世矚目的成就。中國人現在已實現了神舟天宮「登天」、嫦娥「探月」、天問「落火」、空間站「駐天」，相信未來還能實現「駐月」、「登月」，中國航天在不斷地「打怪升級」，「探索宇宙奧祕、和平利用太空」，這是多麼了不起的成就！

親愛的小讀者，你若想將來成為一名航天優秀人才，首先要努力學習，學好基礎知識，航天工程要求精確可靠、米秒不差，把數學、物理、化學、信息技術等科學文化知識學扎實，這對你理解航天工程大有益處；其次要關注航天動態，了解我國和世界航天的發展大事件，會持續激發你的興趣，做航天人之前，成為一個專業點的航天迷；最後要好好鍛煉身體，養成健康作息，航天人不管是航天員、火箭設計師、衞星「操盤手」，還是總工程師等科技、管理崗位，都要求有很好的身體和心理素質，要以最好的面貌去完成光榮而艱巨的任務。

親愛的小讀者，希望十幾年後咱們能成為並肩作戰的同事，我們所有航天人熱情歡迎你的加入，共同為祖國航天事業打造更美好的明天。總之，「幸福都是奮鬥出來的」，人生因奮鬥而精彩，青春因夢想而美麗，夢想就像一朵朵浪花，中國航天人共同的夢想同頻共振，匯成了航天夢這條奔湧的長河，這條大河奔向宇宙深處，奔向星辰大海。願你敢於追夢，勤於圓夢，書寫出屬於自己的青春華章。

2021年6月24日

目錄

導言

讀者們，你們好！我是「嫦娥一號」月球探測器，你可以喊我「大姑娘」。月球，一直是我們人類非常關注的一顆星球，它是屬於我們地球的唯一一顆天然衛星，也是離地球最近的天體。千百萬年來，地球上的人們一直在仰望夜空中的那一輪皎潔的明月，月亮的陰晴圓缺、明暗變化、東升西落，都激發着人類的好奇心去探索。翻開這本書，我將帶領你們開啟探索月亮的征程。

對於探月，當然並不僅僅是狹義的登月，它有着更多更豐富的含義：一方面，由於月球和地球的主要成分相同，探索月球資源既有利於對早期地球環境的研究，同時也有助於解決地球自身資源稀缺的問題；另一方面，探索月球也是人類開闢地球之外生存空間的第一步，使月球成為人類探索外部世界的前哨站。那麼，中國在探月道路上都做出了哪些努力？未來又將如何發展？這些問題的答案都在科學家們不懈奮鬥的纍纍碩果裏。

1 東方詩人眼中的月亮

在我國，關於月亮最浪漫的神話故事是「嫦娥奔月」，人們相信月亮上面有一座宮殿叫作「月宮」。「今人不見古時月，今月曾經照古人。」「我欲乘風歸去，又恐瓊樓玉宇，高處不勝寒，起舞弄清影，何似在人間。」古往今來多少文人墨客、芸芸眾生，都在深夜不由舉頭遙望那陰晴圓缺，對月亮以及浩瀚蒼穹充滿無限的嚮往。

2 西方詩人眼中的月亮

古希臘神話中的月亮女神阿耳忒彌斯非常漂亮，她是個很厲害的弓箭手，掌管着狩獵。人們祭祀月亮女神的時候，就要點燃橡木火把，後來變成供奉甜餅並點燃蠟燭，最後演變為慶祝孩子生日的方式 —— 夜晚在蛋糕上插蠟燭，吹滅並許願，月亮女神就會保佑孩子們的願望能實現。

在西方詩人的筆下，月亮往往被賦予浪漫而神祕的色彩，詩人普希金在《月亮》中這樣寫道：「已不會再有那樣的月夜，當你以神迷的光線穿過幽暗的棽樹林將靜謐的光輝傾瀉，淡淡地，隱約地照出我戀人的美麗。」

3 月海真的是月亮上的海洋嗎？

17世紀時伽利略用望遠鏡第一次發現了月球表面有很多陰暗的區域。他懷疑這必定是月球上的海洋，所以稱之為「月海」，並一直沿用至今。雖然它的名字叫月海，但其實那裏連一滴水也沒有。實際上，月海是月球表面陰暗的地方，一般認為是30億－40億年前巨大的隕石撞擊月球而形成的，這些地方含有大量的玄武巖。

航天小知識

關於月球，你知道多少？

月球表面幾乎沒有空氣，無法傳播聲音。白天溫度能夠達到100℃以上，夜晚溫度低至接近-200℃。月球上沒有水蒸氣，自然也沒有雨、雪、雲、霜、露水等與水有關的天氣現象。由於月球的磁場非常弱，所以你不能用指南針來識別方向。在月球上需要很長時間才能度過一個完整的白天和黑夜，大致相當於地球上一個月的時間。月球上有着大量的環形山，有些山脈高達7500米。

月巖

4 一克月巖引發的探月夢

1978年，美國贈予中國一塊僅1克重、黃豆般大小的月球巖石。作為天體地質的先驅，歐陽自遠憑着其中僅0.5克的月巖，發表了14篇論文，極大地促進了我國月球科學的發展。年輕的歐陽自遠說：「我們花了4個月全面解剖，發表了14篇論文，我們把它是甚麼，它的年齡多大，它有哪些東西，全弄清楚了。美國人也佩服，沒想到中國人居然解剖得這麼清楚。」

5 為甚麼去探索月球？

月球是人類探索宇宙的起點，同時，也是被人們研究得最徹底的天體。探測和開發月球，可以更好地了解地球的歷史，尋求有關地球上生命起源和進化的線索。

開發月球可以帶動諸如大推力火箭、巨型航天器、高速飛行、人工智能、精密儀器等科學技術突飛猛進的發展。

月球是一個取之不盡、用之不竭的能源地，蘊藏着豐富的鈦、鐵、鈾、釷、稀土、鎂、磷、矽、鈉、鉀、鎳、鉻、錳等礦產。

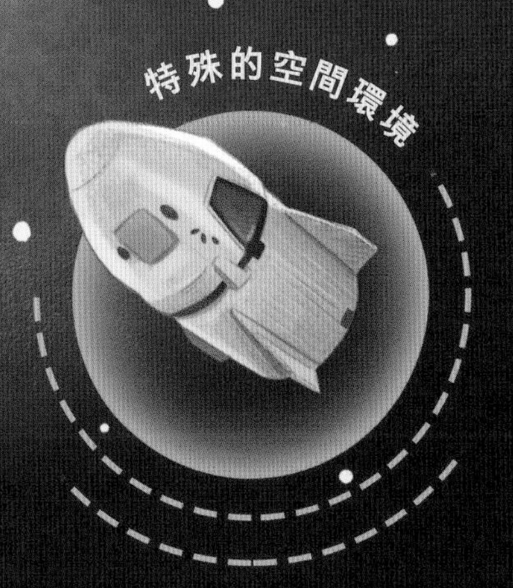

月球上有特殊的空間環境資源：超高真空、無大氣活動、弱磁場、地質構造穩定、弱重力、無污染、宇宙射線豐富等。作為開展天文觀測和深空探測的絕佳平台，月球的探測和開發有着重要的意義。

❻ 中國探月夢啟航——繞、落、回

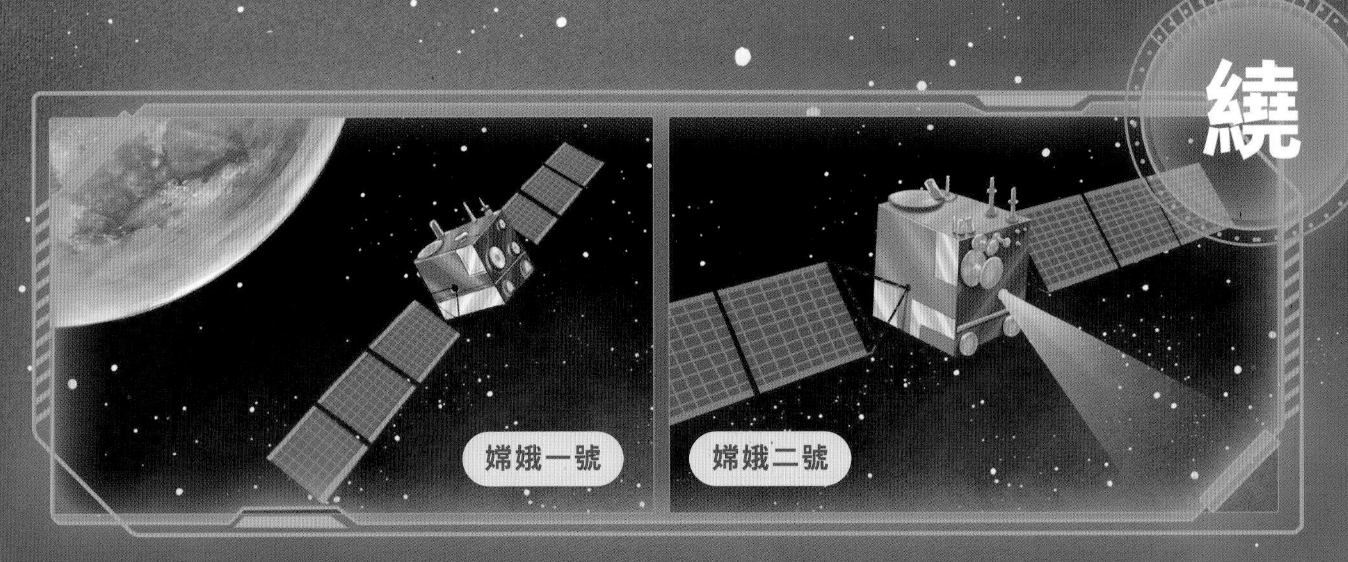

2004年，中國正式開展月球探測工程，並命名為「嫦娥工程」。「嫦娥一號」完成了我國探測器首次奔月，「嫦娥二號」是「嫦娥一號」的備份星，她們兩個是雙胞胎姐妹。

2013年，「嫦娥三號」實現了我國航天器首次在地外天體軟着陸，並帶着一隻萌萌的「玉兔一號」行走在月球表面。

落

2018年，「嫦娥四號」飛向了人類永遠無法直接看到的月球背面，實現人類探測器在月球背面首次軟着陸。截至目前，「嫦娥四號」和她攜帶的「玉兔二號」還在月球上工作呢！

回

2020年是「嫦娥五號」大展身手的時候，她闖過了地月轉移、近月制動、環月飛行等多個難關，成功攜帶月球「土特產」返回地球。

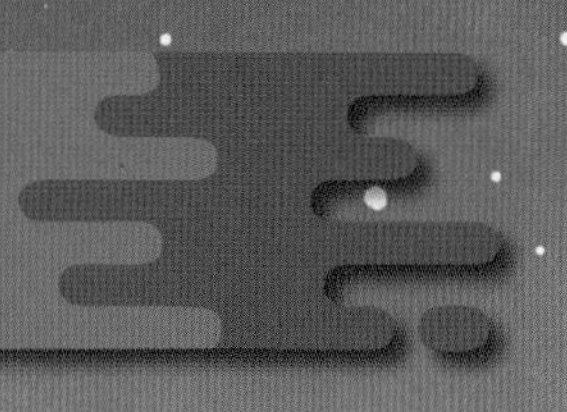

7 通往宇宙的天梯——運載火箭

中國酒泉衛星發射中心

西昌衛星發射中心

太原衛星發射中心

中國文昌航天發射場

作為「嫦娥工程」的絕對主力，「長征三號」系列運載火箭，是嫦娥「探月」、玉兔「飛天」的完美托舉者。在1984年首次發射成功後，它成為我國高軌衛星的「金牌火箭」。

我國有四大火箭發射場，火箭發射場的選擇一般需要考慮周邊有較好的地緣環境、交通便利方便火箭運輸、殘骸再入的安全性等問題。

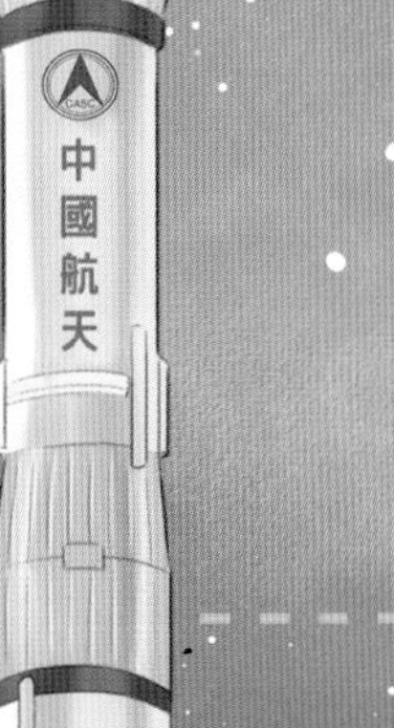
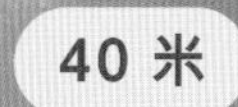

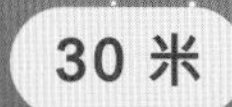
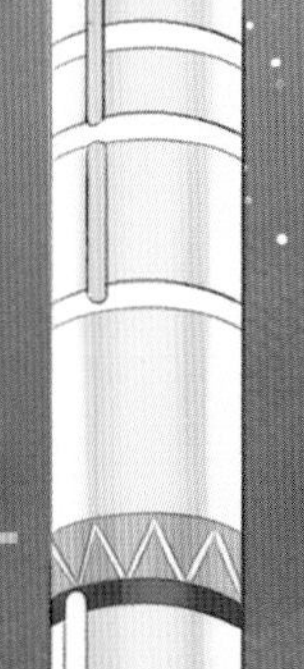
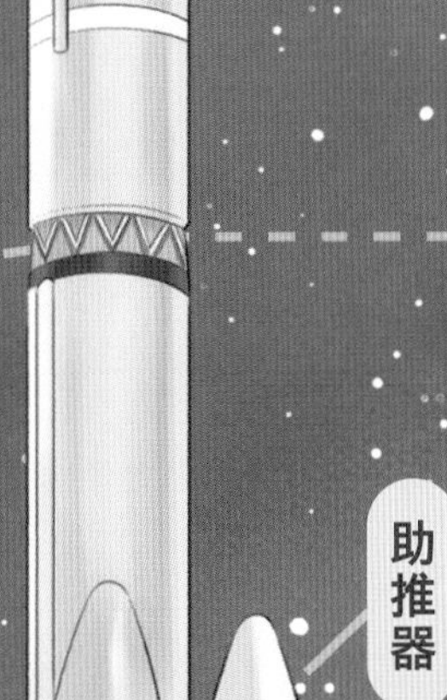
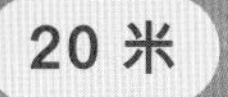
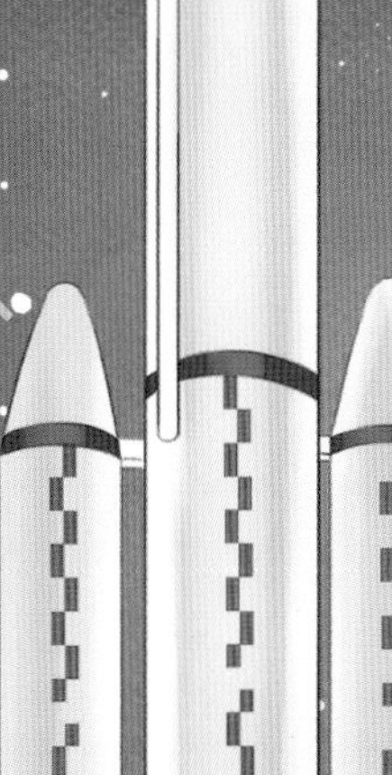

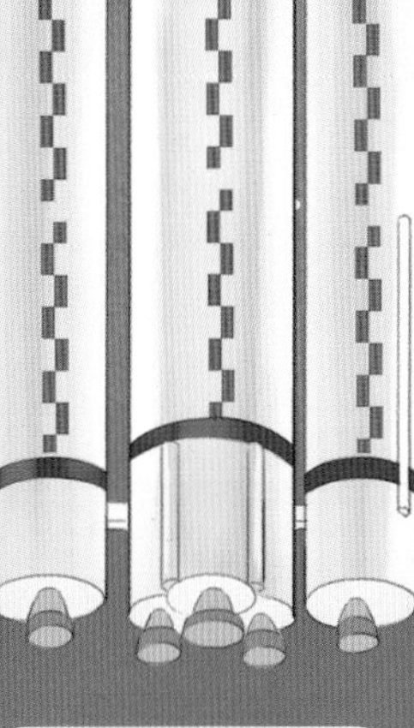
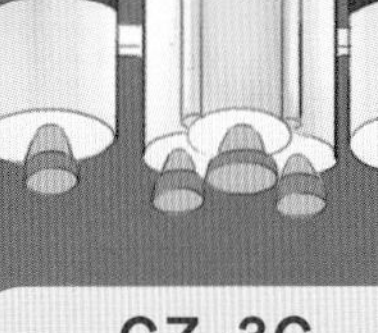
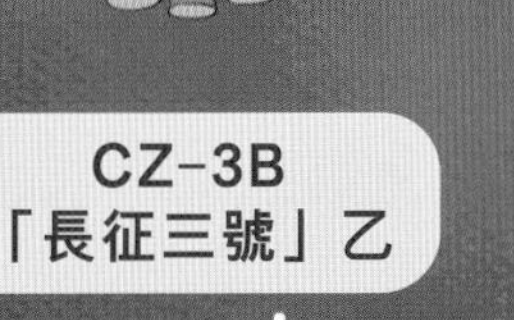
52.52 米
56.33 米
60 米
50 米
40 米
30 米
20 米
10 米
0 米
整流罩
三子級
二子級
一子級
助推器
中國航天
中國航天
中國航天
CZ-3A
「長征三號」甲
CZ-3B
「長征三號」乙
CZ-3C
「長征三號」丙

8 火箭發射前的旅行日記

我國火箭運輸到發射場有三種運輸方式 —— 公路運輸、鐵路運輸、海上運輸。這三種方式各有特點，不同的運輸方式由火箭發射場的地點和火箭的特點決定。

目前，國內現役主力型號火箭的最大直徑為3.35米，有一種說法是主流火箭的直徑就是根據鐵路機車的尺寸而來的。

火箭的公路運輸主要是通過火箭分級運輸車完成的，它們最長可達43米，豎起來有將近10層樓那麼高。這些「大傢伙們」經過優化設計，比普通運輸車更加靈活呢！

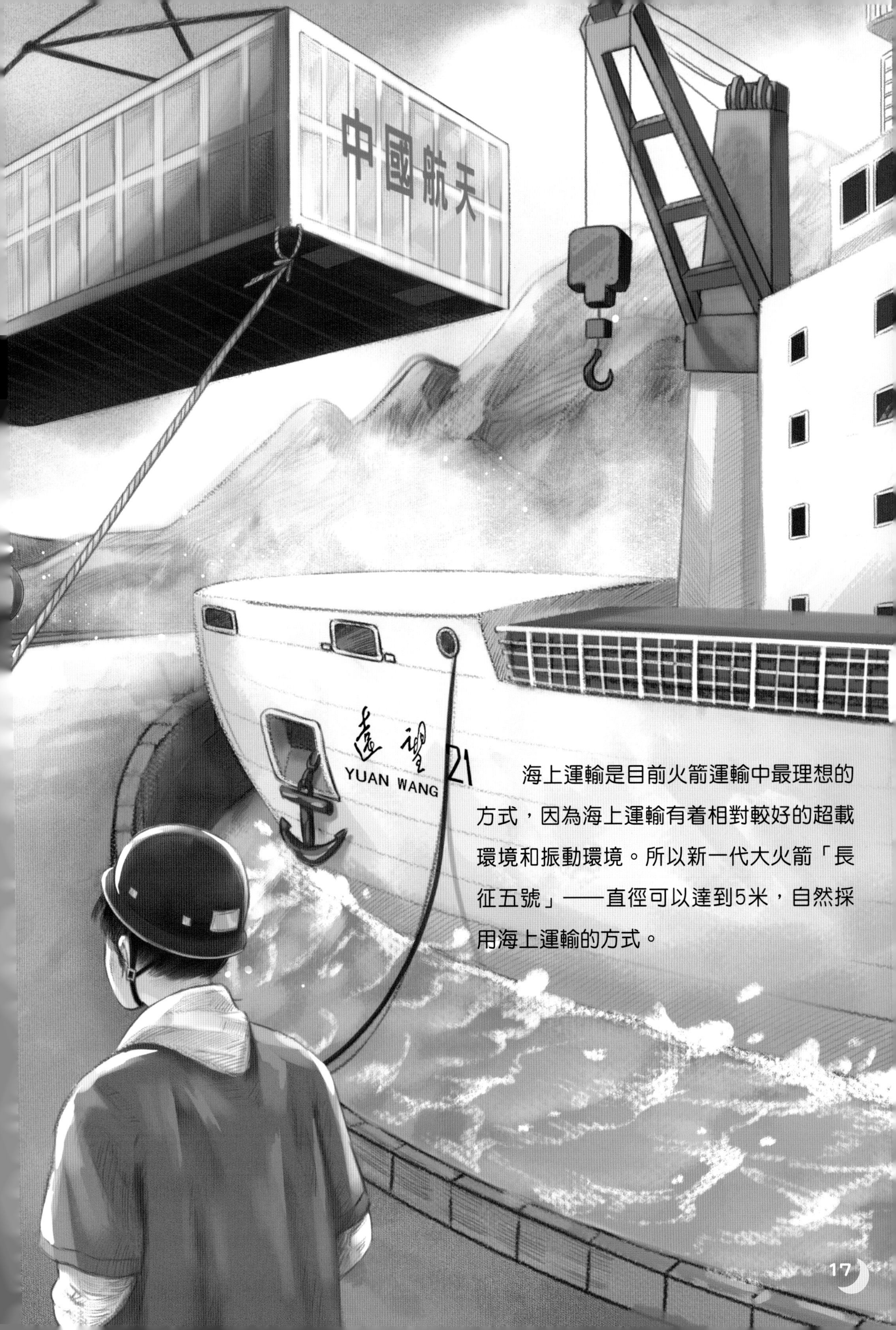

海上運輸是目前火箭運輸中最理想的方式，因為海上運輸有着相對較好的超載環境和振動環境。所以新一代大火箭「長征五號」——直徑可以達到5米，自然採用海上運輸的方式。

9 我的目標

作為我國第一個被月球引力捕獲的航天器探路者，我背負的任務有很多呢！在漫長的環月飛行期間，我能夠把月球表面的風景盡收眼底。

獲取月球表面三維影像

分析月球表面元素含量和
物質類型的分佈特點

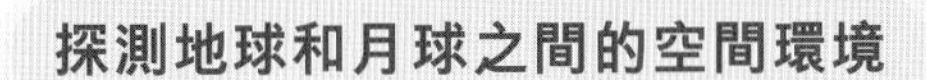

探測地球和月球之間的空間環境

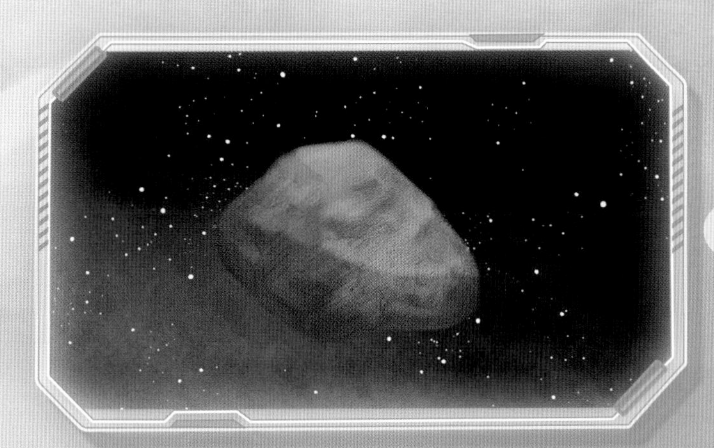

摸清月壤特性

S 頻段全向天線

微波定標天線

星敏感器

X 射線譜儀

CCD 立體相機

紫外敏感器

S 頻段全向天線

490 牛推力發動機

10 牛推力發動機

我在火箭哥哥的懷抱中時是一個標準的立方體形狀，送入太空後，我就立刻張開了雙翅 —— 一對太陽能帆板，它們分別位於我身體的兩側，這就是我的全貌啦！

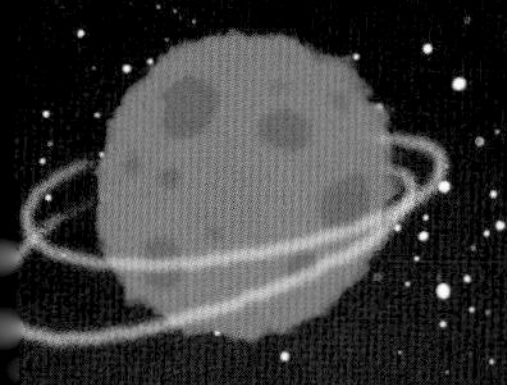

11 我的長相

「嫦娥一號」小檔案

體積：2米×1.72米×2.2米
重量：2350公斤
太陽能帆板最大展開跨度：18.1米
發射時間：2007年10月24日
運載火箭：「長征三號」甲（CZ-3A）

定向天線

微波觀測天線

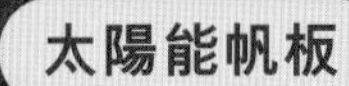

太陽能帆板

11 我的口耳——測控數傳分系統

按照科學家的通俗說法，這次為我買的是「單程票」。那麼，我究竟如何從38萬公里外將探測數據傳回地球呢？這就要依靠我的測控數傳分系統。

遙測數傳數據

遙控指令

注入數據

測控站

巨大的空間衰減、時間延遲，使得地面接收月球探測數據的技術難度大大增加。地面應用系統為此專門建造了兩座被稱為射電望遠鏡的大口徑天線：一座在北京密雲，天線口徑達50米；一座在雲南昆明，口徑達40米。

嫦娥一號

我攜帶的傳輸天線有兩部：一部是定向天線，方向始終對着地球上的接收天線；一部是全向天線，也就是沒有固定方向的天線。

科學探測數據

北京航天飛行控制中心

應用數據接收站

兩座大口徑天線像一雙巨大的眼睛，時刻注視着我的一舉一動，把我傳輸來的信息全部收集起來。

γ/X 射線譜儀

γ 射線譜儀和 X 射線譜儀攜手對月球表面有用元素及物質類型的含量和分佈進行辨析。

CCD 立體相機
干涉成像光譜儀

CCD 立體相機傳回第一張月球照片，這是繞月成功的重要標誌。

微波探測儀

微波探測儀首次被應用到月球探測中，對月壤厚度和氦－3 資源量展開探測。

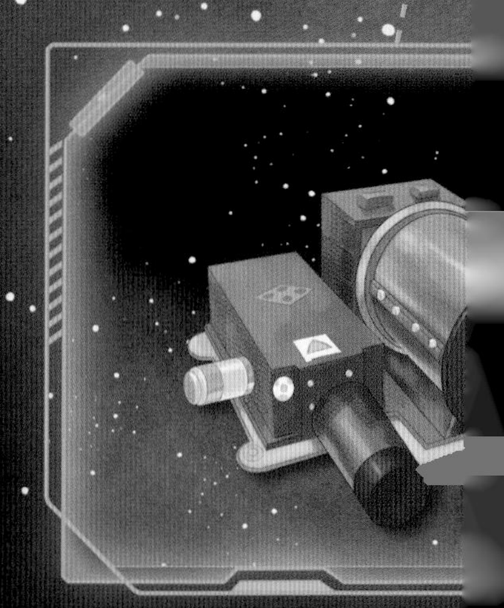

⑫ 我的利器——有效載荷分系統

建立月球工作軌道後，我攜帶的各種「利器」將開始大顯身手，為完成四大科學目標展開緊張而忙碌的工作。

太陽風低能粒子探測器

太陽風低能粒子探測器和太陽高能粒子探測器組成空間環境探測系統，通過不間斷地捕捉質子、電子和離子，對 4 萬－40 萬公里範圍的地月空間環境展開探測。

太陽高能粒子探測器

激光高度計

激光高度計和 CCD 立體相機共同完成獲取月球表面三維立體影像的科學任務。

13 我的奔月之路——奔月軌道

我整個飛行任務可劃分為相對獨立的7個階段：發射前準備階段、主動段、調相軌道段、地月轉移軌道段、月球捕獲階段、環月工作狀態建立階段和環月運行階段。

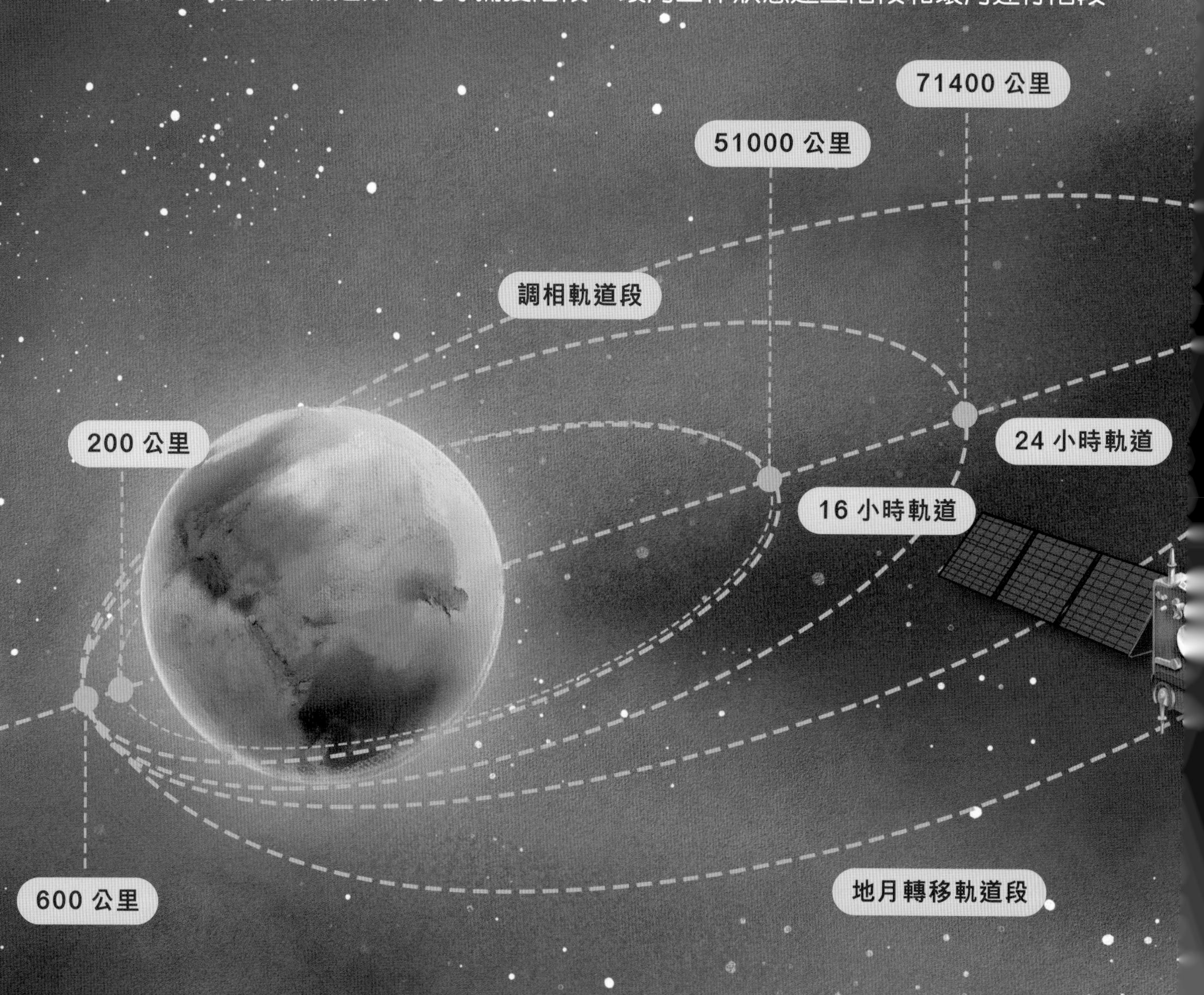

「長征三號」甲運載火箭在發射我時，通過第一、二級和第三級的第一次點火，先將我送入近地軌道，我進入近地點約200公里、遠地點約51000公里、運行時間為16小時的大橢圓軌道，成為一顆繞地球飛行的衛星。

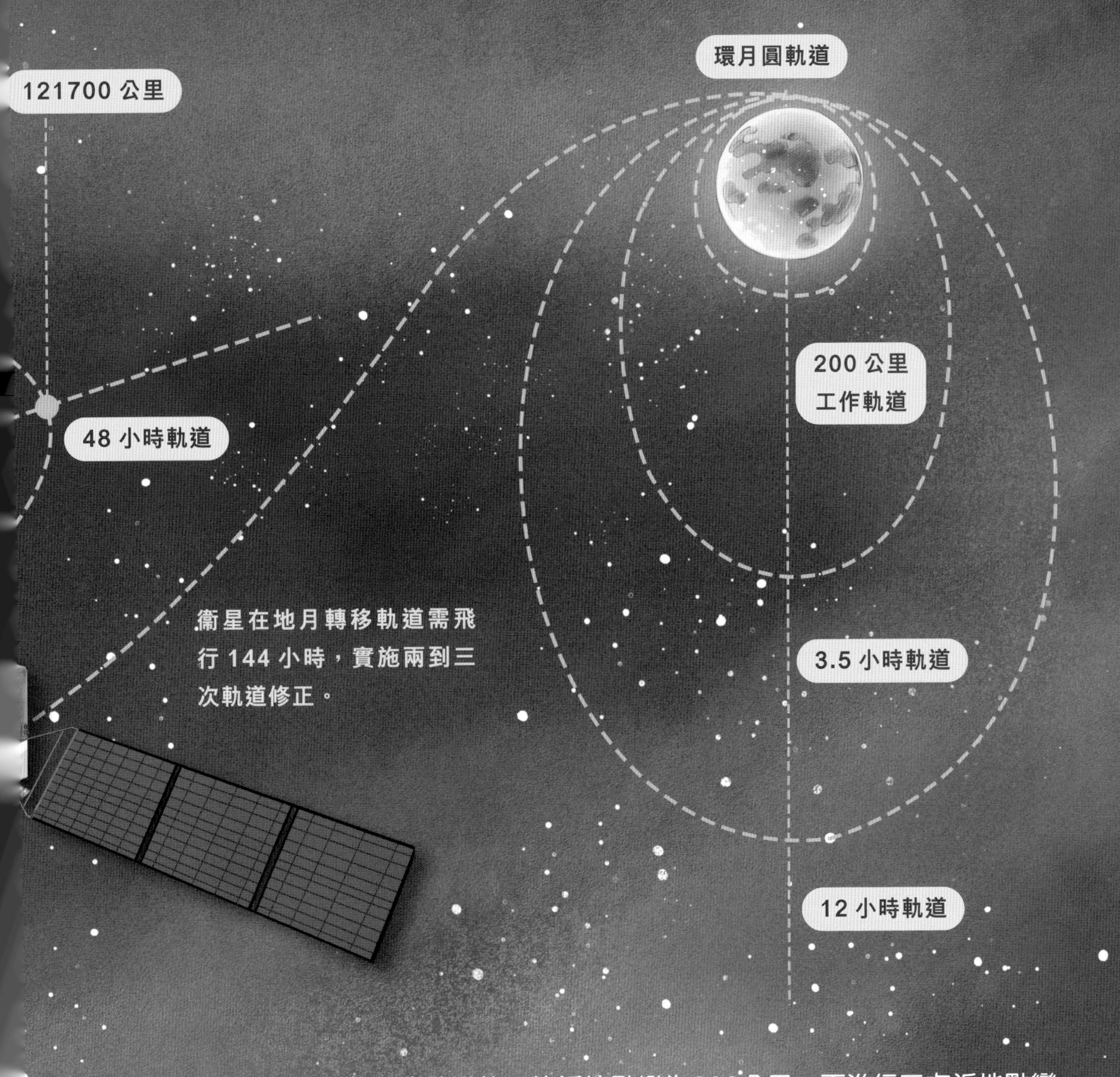

然後，我先進行一次遠地點變軌，使近地點變為600公里，再進行三次近地點變軌，進入地月轉移軌道（近地點600公里，遠地點380000公里）；我在此軌道上要飛行5天，在此過程中要進行2－3次中途修正；當我接近月球時，將通過第一次近月點制動，使我進入圍繞月球運行的週期為12小時的橢圓軌道，然後進行第二次近月點制動，把軌道週期調整為3.5小時，再進行第三次近月點制動，把軌道變為高度為200公里，週期為127分鐘的圓軌道。

太陽

太陽能電池陣始終朝向太陽

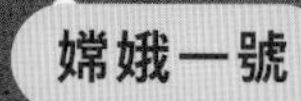

有效載荷始終朝向月球

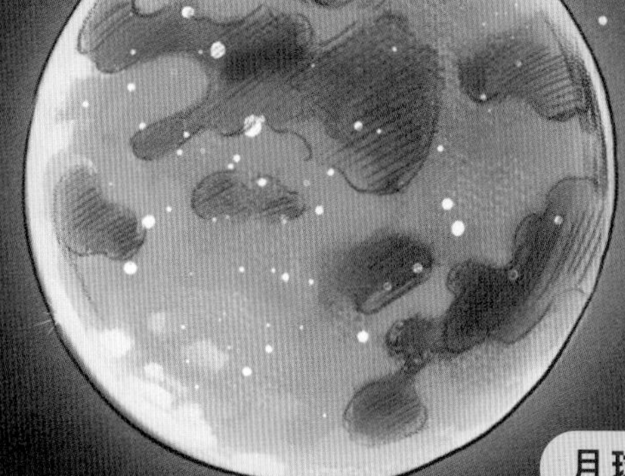

14 高難度的太空舞蹈——三體定向

奔向月球，需要滿足不同的要求，我跳出了高難度的太空舞蹈——三體定向：太陽能帆板對太陽定向，探測儀器對月球定向，收發天線瞄向地球。

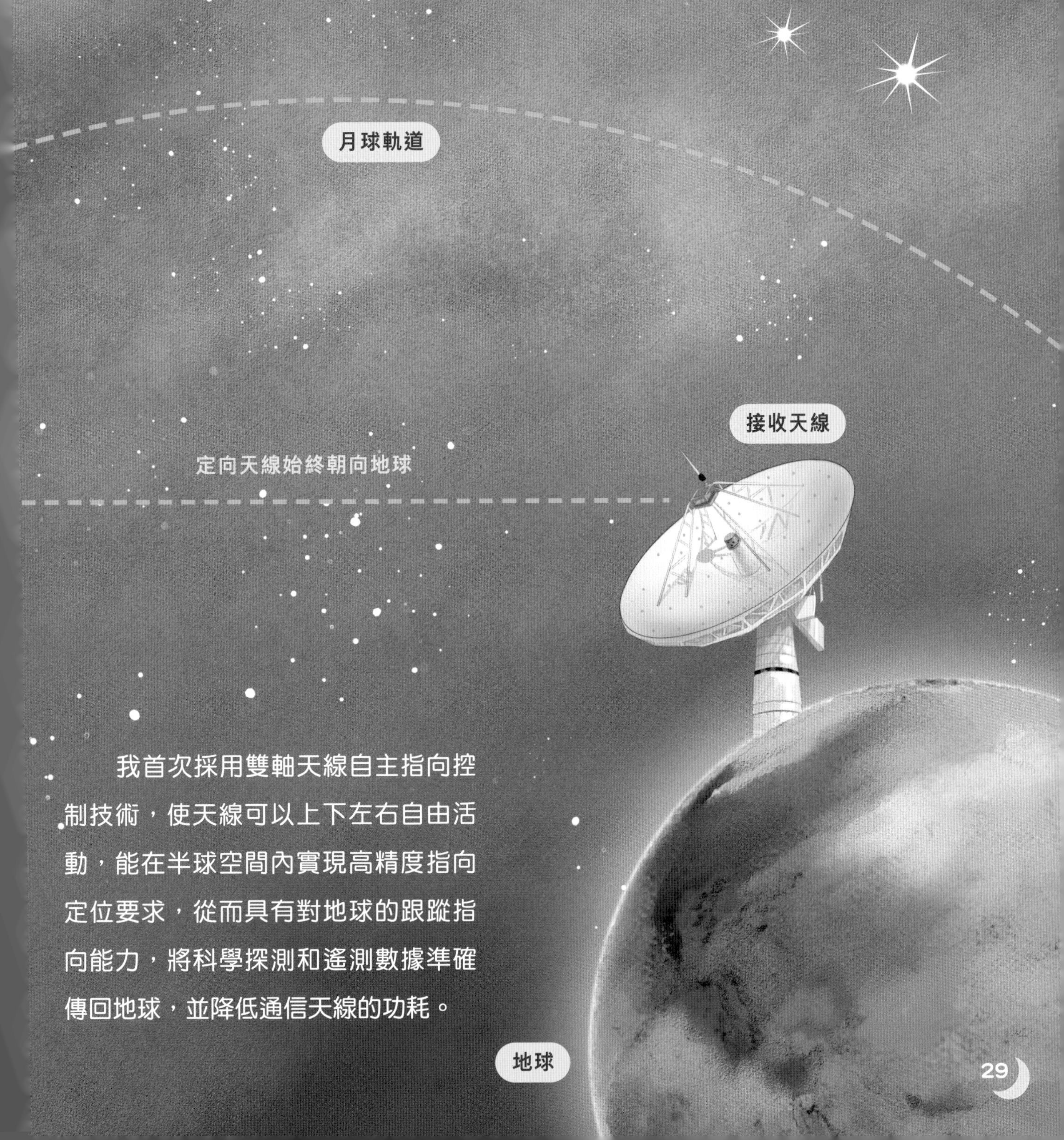

月球軌道

接收天線

定向天線始終朝向地球

我首次採用雙軸天線自主指向控制技術，使天線可以上下左右自由活動，能在半球空間內實現高精度指向定位要求，從而具有對地球的跟蹤指向能力，將科學探測和遙測數據準確傳回地球，並降低通信天線的功耗。

地球

15 最後的犧牲——受控撞月

2009年3月1日16時13分10秒，「嫦娥一號」在北京航天飛行控制中心科技人員的精確控制下，準確受控撞擊了月球東經52.36°、南緯1.50° 的預定撞擊點，結束了為期494天、繞月球5514圈的飛行任務，為我國探月一期工程畫上圓滿的句號。

歐陽自遠院士曾說：「『嫦娥一號』以撞擊月球的方式，為人類了解月球增加了豐富的資料積累，讓月球表面第一次留下了中國的痕跡。」「嫦娥一號」以悲壯又燦爛的方式完成了它的使命，留給我們無盡的思念。

16 給月亮拍張最完整的照片

2008年11月12日，我國科學家公佈了由「嫦娥一號」獲取的數據製作的全月球影像圖，這是當時世界上已公佈的最為清晰、完整的月球影像圖。這只是起點，因為我們還要飛得更遠！

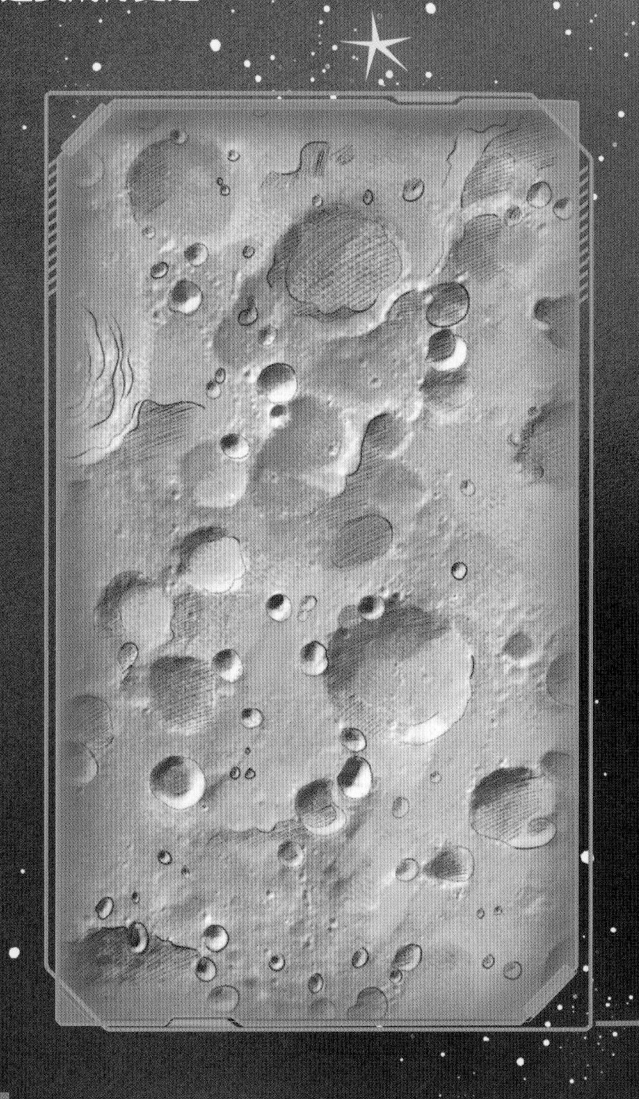

航天小知識

高清照片背後的祕密

為使「嫦娥一號」在繞月軌道上任何一處的位置都對月面拍照，並具有相同的解析度，軌道高度要求保持穩定，「嫦娥一號」的工作軌道選擇了繞月極軌道，高度為200公里，運行週期約為127分鐘。「嫦娥一號」在這一軌道運行所需能量最少，發射和變軌過程風險最低，為中國月球探測工程和此後的深空探測軌道設計積累了經驗。

「嫦娥一號」第三次近月制動
北京時間：2007年11月7日
飛行速度：1580.840米/秒
高度：212.075公里

中國探月工程大事記

- 2007年10月24日18時05分，中國第一顆自主研發的月球探測衛星「嫦娥一號」在「長征三號」甲運載火箭的護送下，從西昌衛星發射中心成功發射，踏上38萬公里之遙的奔月征程。

- 2008年11月12日，由「嫦娥一號」探測器拍攝數據製作完成的中國第一幅全月球影像圖公佈，這是當時世界上已公佈的月球影像圖中最完整的一幅。

- 2009年3月1日，「嫦娥一號」探測器在圓滿完成各項使命後按預定計劃受控撞月。這標誌着中國邁出了深空探測的第一步，也是我國探月工程的首次突破。

- 2010年10月1日18時59分57秒，「長征三號」丙運載火箭在我國西昌衛星發射中心點火發射，成功把「嫦娥二號」探測器送入太空。

- 2011年8月25日，「嫦娥二號」探測器受控準確進入日－地拉格朗日L2點的環繞軌道。我國成為世界上繼歐洲航天局和美國之後第3個造訪L2點的組織 / 國家。

- 2013年12月2日1時30分，「嫦娥三號」月球探測器在西昌衛星發射中心由「長征三號」乙運載火箭成功送入太空。

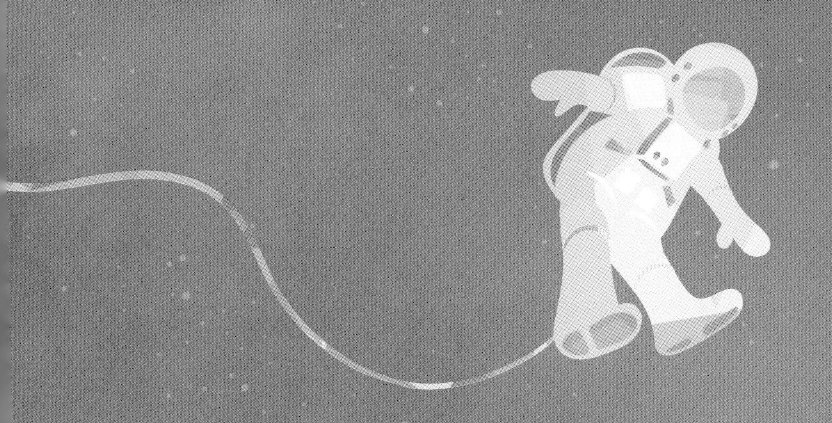
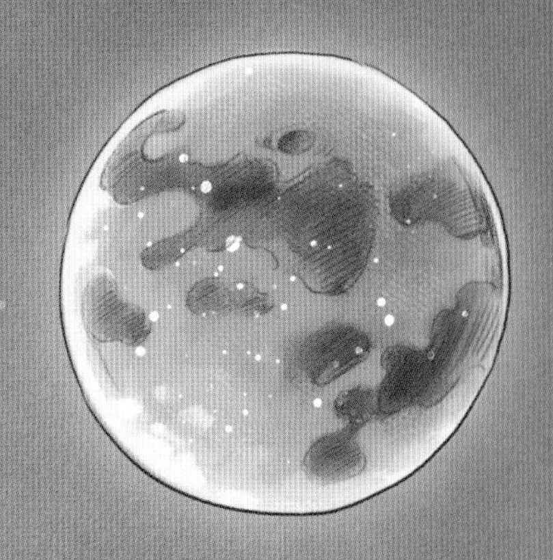

★ 2013年12月14日，「嫦娥三號」探測器攜帶中國第一輛月球車 ——「玉兔一號」成功軟着陸於月球正面虹灣，這是我國航天器首次在地外天體軟着陸。我國也成為世界上第三個實現月面軟着陸和月面巡視探測的國家。

★ 2018年5月21日5時28分，「嫦娥四號」探測器的「鵲橋」中繼星在西昌衛星發射中心發射升空，成為世界首顆運行在地－月L2點暈軌道的衛星。

★ 2018年12月8日2時23分，我國在西昌衛星發射中心用「長征三號」乙運載火箭成功發射「嫦娥四號」探測器，它將實現人類探測器首次在月球背面軟着陸，並開展巡視探測。

★ 2019年1月3日10時26分，「嫦娥四號」探測器成功着陸在月球背面東經177.6度、南緯45.5度附近的預選着陸區，並通過「鵲橋」中繼星傳回了世界第一張近距離拍攝的月背影像圖，揭開了古老月背的神祕面紗。

★ 2020年11月24日4時30分，「嫦娥五號」探測器在中國海南文昌航天發射場由「長征五號」運載火箭成功發射，開啟我國首次地外天體採樣返回之旅。

★ 2020年12月1日23時11分，「嫦娥五號」着陸器成功着陸在月球正面風暴洋西北部的預選着陸區。

★ 2020年12月17日1時59分，「嫦娥五號」探測器返回器攜帶1731克月壤樣品，採用半彈道跳躍式返回方法，在內蒙古四子王旗預定區域安全着陸。

★ 2021年2月27日，「嫦娥五號」帶回的月壤在中國國家博物館亮相。入藏國家博物館的月壤正式名稱為「月球樣品001號」，其重量為100克。

責任編輯　楊　歌　楊紫東
封面設計　鄧佩儀
排　　版　鄧佩儀
印　　務　劉漢舉

① 中國探月工程科學繪本

出發，去月球！

——探月夢啟航——

主編◎　錢航　　繪◎　邱曉勤

出版｜**中華教育**
香港北角英皇道 499 號北角工業大廈 1 樓 B 室
電話：(852) 2137 2338　傳真：(852) 2713 8202
電子郵件：info@chunghwabook.com.hk
網址：http://www.chunghwabook.com.hk

發行｜**香港聯合書刊物流有限公司**
香港新界荃灣德士古道 220-248 號荃灣工業中心 16 樓
電話：(852) 2150 2100　傳真：(852) 2407 3062
電子郵件：info@suplogistics.com.hk

印刷｜**美雅印刷製本有限公司**
香港觀塘榮業街 6 號海濱工業大廈 4 字樓 A 室

版次｜ 2022 年 10 月第 1 版第 1 次印刷

規格｜ 16 開（210mm × 285mm）

ISBN｜ 978-988-8808-39-7

◎ 本書由國家航天局權威推薦，中國航天科技集團組織審定